U0642095

北京中医药大学特色教材

化学实验基本操作视频教程

（供中药学类、药学类、化学类、食品科学与工程类等相关专业用）

主　编　詹雪艳

全国百佳图书出版单位

中国中医药出版社

·北京·

图书在版编目（CIP）数据

化学实验基本操作视频教程 / 詹雪艳主编 . —北京：
中国中医药出版社，2023.12
北京中医药大学特色教材
ISBN 978-7-5132-8562-9

Ⅰ . ①化…　Ⅱ . ①詹…　Ⅲ . ①化学实验—实验技术—
中医学院—教材　Ⅳ . ① O6-33

中国国家版本馆 CIP 数据核字（2023）第 223431 号

免费使用本书数字资源步骤说明

本书为融合出版物，相关数字化资源（如图片、视频等）在全国中医药行业教育云平台"医开讲"发布。

资源访问说明

扫描二维码下载"医开讲"APP 或到"医开讲网站"（www.e-lesson.cn）注册登录，在搜索框内输入书名，点击"立即购买"，选择"全部"，点击"选择支付"（0.00 元），显示支付成功。

点击 APP 首页下方"书架"–"我的订单"，找到本书，即可阅读并使用数字资源。或点击 APP 首页"扫图"，扫描书中二维码，即可阅读对应数字资源。

中国中医药出版社出版

北京经济技术开发区科创十三街 31 号院二区 8 号楼
邮政编码　100176
传真　010 – 64405721
山东润声印务有限公司印刷
各地新华书店经销

开本 787 × 1092　1/16　印张 3.5　字数 73 千字
2023 年 12 月第 1 版　2023 年 12 月第 1 次印刷
书号　ISBN 978 – 7 – 5132 – 8562 – 9

定价　15.00 元
网址　www.cptcm.com

服 务 热 线　010-64405510　微信服务号　zgzyycbs
购 书 热 线　010-89535836　微商城网址　https://kdt.im/LIdUGr
维 权 打 假　010-64405753　天猫旗舰店网址　https://zgzyycbs.tmall.com
官 方 微 博　http://e.weibo.com/cptcm

如有印装质量问题请与本社出版部联系（010 – 64405510）

北京中医药大学特色教材

《化学实验基本操作视频教程》编委会

主　　编　詹雪艳

副 主 编　张　璐　杨淑珍　黄建梅　韩　宁

编　　委　（按姓氏笔画排序）

王　颖　关　君　苏　进　李月婷

吴　凯　张　薇　袁瑞娟

前 言

为进一步深化教育教学综合改革，依托学校一流学科和一流专业的优势与特色，全面推进适应国家发展战略需求，建设信息技术与教育教学深度融合、多种介质综合运用、表现力丰富的新形态高水平教材，北京中医药大学启动了"特色教材建设项目"。

本套特色教材以习近平新时代中国特色社会主义思想为重要指导，紧密结合高等教育发展和教育教学改革的新形势，按照"立德树人、以文化人"的宗旨，将教材建设与教学、科研相结合，以我校专业建设、课程建设、教育教学改革成果为依托，力争建设一批体现中国立场、中国智慧、中国价值及中医药优秀文化，符合我校人才培养目标和培养模式、代表我校学术水平的高质量精品教材，充分发挥教材在提高人才培养质量中的基础性作用。

本套特色教材从最初的立项到书稿的形成都遵循着质量第一、特色突出的原则。每一个申请项目都经过学校教学指导委员会初选，再由校内外专家组成评审委员会对入围项目进行评审，教材书稿形成后又由校内外专家进行审读，严把质量关。根据教学需要，先期推出十余本特色教材，内容涵盖中医学、中药学、中西医临床医学、针灸推拿学、护理学等专业，既有理论阐述，又有临床实践及实验操作。本套特色教材在编写过程中适度融入了课程思政的内容，并在融合出版方面进行了适当探索。

本套特色教材的建设凝聚了北京中医药大学多位中医药行业高等教育工作者的集体智慧，体现了他们齐心协力、求真务实、精益求精的工作作风。谨此向全体组织人员和编写人员致以衷心的感谢。尽管所有组织者与编写者竭尽心智，精益求精，本套特色教材仍有进一步提升的空间，敬请广大师生提出宝贵意见和建议，以便不断修订完善。

北京中医药大学

2023 年 11 月

编写说明

　　《化学实验基本操作视频教程》的内容涵盖无机化学实验、有机化学实验、分析化学实验、仪器分析实验、物理化学实验中常用的基本操作。这些基本操作可以自由组合成不同课程的验证性实验和设计性实验，甚至是跨课程的综合性实验，可供本科和职业院校相关专业的学生学习使用，也可以作为培训教程，服务于从事化学实验操作的相关人员。

　　本教程的特色在于将实验操作碎片化，并以短视频和文字的形式展示出来，主题明确，知识点清晰，操作规范。每个视频的时长控制在 10 分钟左右，有利于学习者厘清层次，抓住该操作的关键点。本教程涵盖名称相近但操作要点不同的基本操作，如普通蒸馏和减压蒸馏、常压过滤和减压过滤、普通器皿的洗涤和容量器皿的洗涤，以及有机实验中异形器皿的洗涤等，让这些基本操作在对照中突出差别，加深学习者对各个基本操作关键点的理解。

　　本教程的编写分工：第一章由张璐、王颖、关君编写，第二章由杨淑珍、苏进、张薇编写，第三章由詹雪艳、李月婷编写，第四章由黄建梅、袁瑞娟编写，第五章由韩宁、吴凯编写。

　　本教程得到了康威老师、曹枫老师和段天璇教授的大力支持和指导，部分视频由北京中医药大学教育技术中心拍摄，在视频的剪辑和前期使用过程中，得到了北京中医药大学范洪源等人的建议和协助，在此一并致谢。

　　由于编者水平有限，视频和文字难免存在不妥之处，恳请专家和读者批评指正，以便再版时修订完善。

　　　　　　　　　　　　　　　　　《化学实验基本操作视频教程》编委会

　　　　　　　　　　　　　　　　　2023 年 11 月

目 录

第一章　无机化学实验的基本操作 ▷▷▷▷

一、常用器皿的洗涤

清洗仪器前先用肥皂将手洗净。实验中，若使用有污物和杂质的玻璃仪器或瓷器，将得不到正确的结果，因此要注意仪器的清洁。根据污物的性质、玻璃仪器的类型和形状，以及玻璃仪器的污染程度来确定合适的洗涤方法。一般污物常用的洗涤方法有水刷洗涤、去污粉或洗涤剂洗涤、铬酸洗液洗涤等。

（一）水刷洗涤

通常对于粉尘、可溶性污物和对器壁附着不强的不溶性污物可用水刷洗。对于试管、烧杯、量筒等形状规则的大口径普通玻璃仪器，可以选用大小合适的毛刷刷洗。注意毛刷的大小要与容器的大小匹配，如小试管要用小毛刷。用毛刷刷洗试管时，注意刷子顶端的毛必须顺着深入试管，并用食指抵住试管末端，避免刷洗时用力过猛将底部穿破。

（二）去污粉或洗涤剂洗涤

对于不溶性污物和有机污物，可用去污粉或洗涤剂洗。用自来水将玻璃器皿、毛刷湿润，用湿的毛刷蘸取去污粉摩擦器壁，从里到外将所有器壁摩擦到，再用自来水冲洗干净，最后用蒸馏水冲洗 2 ~ 3 次。用洗涤剂洗时，先将洗涤剂倒出加水配成饱和液，用自来水将玻璃器皿、毛刷湿润，用毛刷蘸取洗涤液刷洗器壁。用毛刷刷洗试管时，注意刷子顶端的毛必须顺着深入试管，并用食指抵住试管末端，避免刷洗时用力过猛将底部穿破。从里到外将所有器壁摩擦到，再用自来水冲洗干净，最后用蒸馏水冲洗 2 ~ 3 次。器皿洗净的标准是仪器内壁覆盖均匀透明的水膜，不挂水珠。如果刷洗后内壁有水珠，表明容器内壁仍有油脂等污物，应重新洗涤。注意：精密容量器皿如容量瓶、吸量管、移液管、酸碱滴定管和比色管等不能用毛刷洗内部，以免磨损器壁，使体积发生变化。

（三）铬酸洗液洗涤

对于一些容积精确或者形状不规则而不易用毛刷刷洗的玻璃仪器，可用铬酸洗液洗涤。铬酸洗液简称洗液，由浓硫酸和重铬酸钾配制而成，呈深褐色，具有强酸性、强氧化性、强腐蚀性，对一些还原性有机污物和油污的洗涤力特别强。洗涤步骤：先用自来水冲洗玻璃仪器，将仪器内的自来水控净，然后加入少量洗液，倾斜玻璃仪器，慢慢转动仪器，使其内部全部被洗液润湿，重复几次，稍等片刻后，将洗液倒回原瓶，再用大量的自来水冲洗，最后用蒸馏水冲洗 2 ~ 3 次。如果污物特别难洗，可用洗液将玻璃仪器浸润一段时间，或将其轻微加热，洗涤效果会明显增强。

使用洗液时的注意事项如下。

1.使用洗液前把仪器内的水去掉，以免将洗液稀释，影响洗涤效果。

2.用过的洗液要倒回原洗液瓶回收再使用。

3. 具有还原性的污物会将洗液口的重铬酸钾还原为硫酸铬，洗液的颜色由原来的深褐色变为绿色，已变为绿色的洗液不能继续使用。

4. 洗液具有很强的腐蚀性，会烧伤皮肤、损坏衣物。如果不慎将洗液洒在皮肤、衣物或实验台上，应立即用水冲洗。

（四）特殊污物的洗涤

对于其他一些用上述方法不能洗涤除去的污物，可根据污物的性质，选择合适的试剂，通过化学反应将黏附在玻璃仪器内壁上的特殊污物转换为可溶性的物质，再洗涤除去。

二、常用器皿的干燥

实验用的仪器除必须洗净外，有时还要求干燥，干燥的方法有以下几种。

（一）晾干

对于不急用的玻璃仪器，可将洗净的仪器倒置于干净的实验柜内或仪器架上自然晾干。

（二）烤干

有些急需使用的仪器也可用酒精或煤气灯小火烘烤干燥，这种方法一般只用于构造简单、厚度均匀、小件的硬质玻璃仪器。烘烤试管时，用试管夹夹住试管管口一端，倾斜管口朝下，烘烤时先从试管底部开始，逐渐移至管口，将水滴赶至管口蒸发，要不停地让试管来回移动，使其受热均匀，防止局部过热导致试管破裂。等到管口没有水珠时将管口朝上驱净水汽。这样反复两三次就可以将试管烤干。烧杯或蒸发皿可置于石棉网上用火烤干。容量器皿、磨口仪器、壁厚不均匀及某些有特殊要求的玻璃仪器不宜用这种方法干燥。

（三）吹干

急需干燥的仪器可用热或冷的空气流快速吹干，一般选用吹风机或者气流干燥器。

使用吹风机吹干时，开关拨向一档是热风，二档是冷风，一般先采用热风吹玻璃仪器的内壁，待干后，再用冷风将其冷却。刚洗过带水的仪器，可以在吹之前先用少量低沸点的有机溶剂如乙醇、丙酮、乙醚等荡洗下，再用吹风机以冷风→热风→冷风的顺序将其吹干。

气流干燥器采用电阻丝加热，内部装有鼓风机，冷风或热风都从风管的小孔中吹出。使用时将洗好的容器倒放在风管上，打开电源开关，将开关拨到热风挡，待仪器吹干后，将开关拨到冷风挡，使仪器冷却至室温，关闭电源开关即可。刚洗过带水的玻璃仪器，也可以用少量易挥发的有机溶剂如乙醇荡洗，再用少量的乙醚荡洗，吹干可以更快些。烧瓶、锥形瓶可以用吹干的方法干燥，不能高温烘干的仪器也可以用这种方法。

（四）烘干

对于要求的干燥程度较高，又能经受较高温度烘烤的仪器可采用电热恒温干燥箱（简称烘箱）干燥。烘箱一般主要用来干燥玻璃仪器或无腐蚀性、热稳定性比较好的药品，而一些挥发性易燃品或刚用酒精、丙酮冲洗过的仪器切勿放入烘箱，以免发生爆炸。烘箱外门上的玻璃门供我们观察工作室内的情况。工作室最下层是底隔板，电阻丝安装在底隔板下面，上面有两层隔板，横着插入的是热电偶，它和自动控制装置连接，用于控制室内温度。烘箱的左侧正面有电源开关、加热开关、鼓风机开关、温度控制面板，温度高低由温度控制面板来调节。烘箱最高使用温度为 250℃，常用温度在 60～150℃，玻璃仪器一般在 105～110℃干燥。

烘箱的使用方法：首先将电源接通，打开加热开关，设置干燥温度，将洗净并尽量控干水的玻璃仪器平放，或将仪器口朝上，放置在搪瓷托盘里，如果仪器有瓶塞，应打开瓶塞，然后放在烘箱的隔板上，在设定温度下干燥，一般烘烤 1 小时左右就能达到干燥的目的。干燥完成后烘箱关闭，待烘箱温度降至室温时再将仪器拿出。

注意：①精密容量器皿不能烘烤，因为热胀冷缩会改变其刻度。②玻璃仪器不能放在纸上烘烤，因为烘箱内温度较高，纸会被烧焦。③不能将器皿放在底隔板上，也不宜直接放在隔板上，要放在搪瓷托盘里。④烘箱内要保持清洁，要防止箱体腐蚀和灰尘落入。⑤在升温或保持恒温的过程中，最好不要中途开启箱门，如果必须要打开，应缓慢开启，以防玻璃门骤冷破裂。⑥烘箱要放置在水泥台上。

三、常压过滤

过滤法是固液分离较常用的方法。过滤时，固液混合物通过过滤器（如滤纸），沉淀留在过滤器上，溶液进入承接容器中，过滤后所得的溶液称为滤液。溶液的黏度、温度，过滤时的压力，沉淀物的性质、状态，过滤器孔径的大小都会影响过滤速度。例如，热溶液比冷溶液容易过滤；溶液黏度越大，过滤越慢；减压过滤比常压过滤快。如果溶液呈胶体状态，应先用加热等方法破坏胶体，再过滤，以免穿过滤纸。过滤沉淀的常用方法有常压过滤、减压过滤、热过滤、倾析法过滤，可根据实际情况来选择不同的过滤方法。

（一）概述

常压过滤是用内衬滤纸的锥形玻璃漏斗过滤，滤液靠自身的重力透过滤纸流下，实现固液分离。常压过滤需要使用玻璃漏斗和滤纸。一般选用锥体角度为 60°的长颈漏斗，漏斗的大小应以能容纳沉淀量为宜。常压过滤一般选用定性滤纸。定性滤纸按孔隙大小可分为快速、中速、慢速三种。根据沉淀的性质选择滤纸的类型，细晶形沉淀（如硫酸钡等）可选用慢速滤纸；粗晶形沉淀（如草酸钙等）可选用中速滤纸；胶状沉淀

（如氢氧化铁等）可选用快速滤纸。另外，根据沉淀量的多少来选择滤纸的大小，一般要求沉淀的总体积不得超过滤纸锥体高度的 1/3。

（二）常压过滤的操作步骤及注意事项

1. 折叠滤纸　取一张正方形或圆形滤纸，对折两次，折叠成四层，并在四层滤纸一端剪成扇形，圆形滤纸不必再剪。然后展开成圆锥形，一边是三层，另一边是一层，在三层滤纸一侧，将外面两层撕去一小角，内角呈 60°，恰好能与漏斗内壁贴合。注意：滤纸边缘要低于漏斗边缘 0.5～1cm，若过大，要剪去多余部分。如果漏斗的角度大于或小于 60°，应适当改变滤纸折成的角度，使之与漏斗壁贴合。

2. 安装滤纸　用食指将滤纸按在漏斗内壁上，用少量去离子水润湿滤纸，用玻璃棒轻压滤纸四周，赶去滤纸与漏斗壁间的气泡，使滤纸紧贴在漏斗壁上。为加快过滤速度，过滤过程中应使漏斗颈部形成完整的水柱。为此，向漏斗中加去离子水让水流下，漏斗颈部内应全部充满水，滤纸上的水全部流尽后，漏斗颈中的水柱仍能保留。若未形成完整水柱，可用手堵住漏斗下口，稍掀起滤纸的一边，用洗瓶向滤纸和漏斗间加水，直到漏斗颈和锥体大部分被水充满，颈内气泡完全排出，轻轻压紧滤纸边，放开堵住漏斗口的手指，即可形成水柱。

3. 安装漏斗　将准备好的漏斗放在铁圈上，下面摆放承接器皿，承接器皿的容积为滤液总量的 5～10 倍。调整铁圈高度，使漏斗颈斜口外壁与承接器皿内壁紧贴，使滤液沿承接器皿内壁流下，避免滤液溅出。

4. 过滤　过滤时先转移溶液，后转移沉淀，避免滤纸孔隙过早被沉淀堵塞。转移溶液时，用玻璃棒引流，玻璃棒下端对着三层滤纸处，液体的液面要低于滤纸的边缘，每次转移量不能超过滤纸容量的 2/3，以免液体溢过滤纸。待溶液转移完毕后，用洗瓶冲洗玻璃棒和烧杯内壁上附着的沉淀，充分搅拌后静置，用玻璃棒将上方清液引入漏斗过滤，如此重复两三遍。再向沉淀中加入少量去离子水，搅起沉淀，立即将固液混合物沿玻璃棒倾入漏斗中，如此反复几次，尽可能地将沉淀都转移到滤纸上。

5. 沉淀的洗涤　待漏斗中的溶液完全滤出后，为除去沉淀表面吸附的杂质和残留的母液，需洗涤沉淀。采取"少量多次"的原则，用洗瓶吹出少量去离子水，从滤纸边沿稍下的地方开始，按螺旋形向下移动，将沉淀集中到滤纸锥体下部。洗涤时切勿使洗涤液突然冲在沉淀上，以免沉淀溅出，每次洗涤后应尽量滤干。

四、减压过滤

（一）概述

减压过滤也称为抽滤，是利用抽气泵使抽滤瓶中的压强降低，以达到固液分离的目的。减压过滤可以加快过滤速度，沉淀也可以被抽吸得较为干燥。但不宜用于过滤胶状沉淀和颗粒太小的沉淀，因为胶状沉淀在快速过滤时易穿透滤纸，颗粒太小的沉淀易在滤纸上形成密实的薄层，使得溶液不易透过。减压过滤需要使用布氏漏斗、滤纸、抽滤垫、抽滤瓶、安全瓶和循环水真空泵或水流抽气管。

（二）减压过滤的操作步骤及注意事项

1. 剪裁滤纸 除了做沉淀的质量分析外，减压过滤一般选用定性滤纸。取一个洁净的布氏漏斗和一张正方形或圆形滤纸。用洗瓶将布氏漏斗边缘润湿，并在滤纸上轻轻按一个水印作为记号，沿着水印向里缩 2mm 左右剪一个圆，布氏漏斗壁厚约 2mm，如果不圆，稍做修剪，然后将滤纸放到布氏漏斗里面，滤纸比漏斗内径略小，但又能把全部瓷孔盖住。如果滤纸过大，滤纸的边缘不能紧贴漏斗而产生缝隙，过滤时沉淀穿过缝隙造成沉淀与溶液不能分离；另外，空气穿过缝隙，抽滤瓶内不能产生负压，导致过滤速度慢，沉淀抽不干。如果滤纸过小，不能盖住所有的磁孔，则不能过滤。

2. 安装滤纸 将滤纸放入漏斗中，用少量去离子水润湿滤纸，用玻璃棒轻压滤纸四周，使滤纸紧贴在漏斗底部。

3. 连接减压过滤装置 减压过滤装置由布氏漏斗、抽滤垫、抽滤瓶和循环水真空泵彼此连接而成。布氏漏斗为瓷质漏斗，内有一多孔平板，以便使溶液通过滤纸从小孔流出。抽滤瓶用来承接滤液。抽滤垫有凸起的一侧朝向布氏漏斗，平整的一侧朝向抽滤瓶。漏斗颈穿过抽滤垫插入抽滤瓶内，漏斗颈下端的斜口与抽滤瓶的支管相对，抽滤瓶的支管通过橡胶管与循环水真空泵相连接。如果要保留滤液，常在抽滤瓶和抽气水泵之间安装一个安全瓶，以防止倒吸而弄脏滤液。减压过滤借助循环水真空泵带走空气，使抽滤瓶内压力减小，布氏漏斗内的溶液因压力差而加速通过滤纸，从而加快过滤。

4. 过滤 打开循环水真空泵，检查装置密闭性。循环水真空泵抽气使湿润的滤纸贴紧在漏斗的瓷板上，过滤时一般先转移溶液，后转移沉淀，如此会加快过滤速度。转移溶液时用玻璃棒引导，倒入溶液的量不要超过漏斗总容量的 2/3，待溶液快流尽时，再转移沉淀至滤纸的中间部分，如果转移不干净，可加入少量滤瓶中的滤液，一边搅动，一边倾倒，让滤液带出沉淀。抽滤时要注意观察抽滤瓶内液面的高度，当液面快达到支管口位置时，应拔掉抽滤瓶上的橡胶管，从抽滤瓶上口倒出溶液。将沉淀尽量抽干，判断沉淀干燥标准有三种：①当 1～2 分钟漏斗颈下无液滴滴下。②沉淀不粘玻璃棒。③将滤纸压在沉淀上滤纸不湿。沉淀抽干后，拔掉抽滤瓶上的橡胶管，关闭循环水真空泵，用手指或玻璃棒轻轻揭起滤纸边缘，取出滤纸和沉淀，滤液从抽滤瓶上口倒出，支管朝上，不可从支管口中倒出溶液。

5. 沉淀的洗涤 若要洗涤沉淀，则在沉淀抽吸干燥后拔掉橡胶管，加入少量洗涤液浸润沉淀，再接上橡胶管继续抽滤，如此反复几次。

6. 注意事项 ①抽滤瓶的支管口只能用于连接调压装置，不可从中倒出溶液。②抽滤完毕或中间停止抽滤时，注意先拔掉抽滤瓶和循环水真空泵间的橡胶管，然后关闭循环水真空泵，避免倒吸。③如滤液具有强酸性或强氧化性，可用玻璃纤维或玻璃砂芯代替滤纸。

五、奈氏比色管

（一）奈氏比色管的外形与规格

奈氏比色管的外形与普通试管相似，但比试管多一条精确的刻度线，并配有橡胶塞或玻璃塞。比色管常见的规格有 10mL、25mL、50mL 三种。通常情况下，比色管放于比色管架上，比色管架的底部有白色的底板，用于提高观察颜色的效果。

（二）奈氏比色管的用途

奈氏比色管可用于配制溶液，但主要用于比色和比浊实验。比色、比浊是用眼睛比较溶液颜色深浅或混浊程度大小来粗略判断物质含量的分析方法。比色、比浊时，一次只拿两支比色管进行比较，且光照、显色剂、沉淀剂及其他辅助试剂等条件要相同，一只是样品管，一只是标准管，用样品管的实验现象和标准管的实验现象做对比，判断样品管中待测物的浓度与标准管中待测物的浓度的大小关系。

（三）比色、比浊的方法

比浊时，将两只比色管放置在比色管架上，打开管盖，从管口往下垂直观察，比较样品管相对于标准管混浊程度的大小，判断样品中待测物含量相对于标准管中待测物含量高低；比色时，将两只比色管放置在比色管架上，打开管盖，从管口往下垂直观察，比较样品管相对于标准管颜色的深浅，判断样品中待测物含量相对于标准管中待测物含量高低。

六、pH 试纸的使用

（一）pH 试纸的种类和用途

pH 试纸有两类：一类是广泛 pH 试纸，变色范围在 1 ～ 14，用来粗略测定溶液的pH 值。另一类是精密 pH 试纸，变色范围在 2.7 ～ 4.7、3.8 ～ 5.4、5.4 ～ 7.0、6.9 ～ 8.4、8.2 ～ 10.0、9.5 ～ 13.0 等，用来较精确地测定溶液的 pH 值。

（二）pH 试纸的使用方法及注意事项

1. 第一步，取少量 pH 试纸　用镊子夹取少量的 pH 试纸，放在干燥洁净的点滴板或表面皿上。

2. 第二步，蘸取待测溶液　吸取少量的待测溶液加入洁净干燥的试管或烧杯中，用玻璃棒蘸取待测溶液点在试纸中部。

3. 第三步，确定 pH 值　观察试纸的颜色变化，稳定后的颜色在半分钟内与标准比色卡比较，判断与比色卡中哪一种颜色更接近，该颜色对应的 pH 值即为溶液的 pH 值。

4. 注意事项 ①使用前将试纸剪成小块，用多少取多少，取用后应将盛放试纸的容器盖严，防止被实验室内的一些气体污染。②测定溶液 pH 值时，试纸不可事先用蒸馏水润湿，因为润湿试纸相当于稀释被检测溶液，导致测量不准确。如果检验的是气体，则先将试纸用去离子水润湿，再用镊子夹持横放在试管口上方，或粘在玻璃棒的一端放在试管口上方，观察试纸的颜色，确定 pH 值。③不能将 pH 试纸直接伸入溶液，也不能将 pH 试纸浸泡在待测溶液中，以免造成误差或污染溶液。

第二章 有机化学实验的基本操作 ▷▷▷▷

一、有机实验器皿的洗涤和干燥

有机化学实验使用的玻璃器皿要求干净、干燥，根据玻璃器皿的形状和污渍性质，可采取不同的方式进行洗涤。

（一）玻璃仪器的洗涤

1. 一般污渍的清洗　将玻璃仪器淋湿，将浸湿的毛刷蘸取洗衣粉进行擦刷，除去壁上的污物。用水将洗衣粉冲去，器壁应不留污物，不现油渍。若对仪器清洁度要求更高，可再用蒸馏水洗涤。

2. 难清洗物质的清洗　有机化学实验反应种类繁杂，有时用洗衣粉不能达到清洗效果，这时应该根据实验具体情况选用清洗手段。如已知瓶内残渣为碱性物质时，可用稀盐酸或稀硫酸溶解；如已知瓶内残渣为酸性物质时，可在碱缸（NaOH+95% 乙醇）中浸泡玻璃仪器；如残渣溶于某种溶剂时，可用适当该溶剂洗涤；还可使用洗液或 84 消毒液进行清洗。之后再用水冲洗，器壁应不留污物，不现油渍。若对仪器清洁度要求更高，可再用蒸馏水洗涤。

（二）玻璃仪器的干燥

可采用自然风干、烘干、吹干等方法。

自然风干是指将已洗净的玻璃仪器放在干燥架上自然风干，让水珠自然流下。该方法干燥缓慢，容易留有污迹。

烘干是指将玻璃仪器放在烘箱中烘干。烘箱温度以 $100 \sim 120℃$ 为宜，取出烘干仪器前，最好使烘箱温度降至室温。

如需急用，可用少量干燥试剂涮一下，再用气流干燥器或者吹风机吹干。

二、有机化合物的干燥

（一）气体的干燥

制作 $CaCl_2$ 干燥管。取一支干燥管，填入适量棉花，然后用药勺取适量无水 $CaCl_2$ 颗粒加入干燥管中，再填入适量棉花，使干燥剂不掉落即可。再将 $CaCl_2$ 干燥管连接在实验装置与大气连通的位置，气体通过干燥管即可达到干燥目的。不使用时，将 $CaCl_2$ 干燥管放置在干燥器中，以免在空气中久置吸水而失去干燥作用。

（二）液体的干燥

取锥形瓶一个，加入待干燥液体，量取适量无水 $MgSO_4$，加入锥形瓶中，振荡，如果固体溶解，则补加干燥剂，直至锥形瓶中保有未溶解的固体。静置半小时后，可以过滤分离出液体有机化合物。

（三）固体的干燥

1. 方法一 可将待干燥的固体有机化合物置于干净、干燥的培养皿中，尽量铺薄，在空气中晾干。受热易分解的样品用真空冷冻干燥。

2. 方法二 可将待干燥的固体有机化合物（如乙酰苯胺）置于干净、干燥的培养皿中，尽量铺薄，在烘箱中干燥，控制好温度，避免样品熔融。

3. 方法三 可将待干燥的固体有机化合物置于干净、干燥的培养皿中，尽量铺薄，在红外干燥箱中干燥。红外干燥箱的温度设定为 60 ～ 80℃。

4. 方法四 可将待干燥的固体有机化合物置于干净、干燥的培养皿中，尽量铺薄，在干燥器内干燥。在干燥器的底部放置适量干燥剂，然后将待干燥样品放在干燥器的隔板上。涂好真空脂，盖紧干燥器。

三、普通蒸馏

蒸馏是将液态物质加热到沸腾变为蒸汽，再将蒸汽冷却为液体的操作过程。蒸馏可用于液体有机物的纯化和分离（沸点差大于 30℃）、回收溶剂、常量法测定沸点，以及鉴定液体有机物的纯度等。

（一）安装普通蒸馏装置

1. 摆放好铁架台和电热套 将铁架台摆放在靠近水池的位置，开口向前。将电热套摆放在铁架台之前，让电热套温度显示朝向操作人员。

2. 向烧瓶中添加试剂 取适当容量的圆底烧瓶一个，向烧瓶中加入止爆剂，添加适量试剂。烧瓶中试剂的体积应占烧瓶容量的 1/3 ～ 2/3，不宜过多或过少。

3. 安装双顶丝 按照先下后上、先左后右的顺序逐个安装、固定仪器。

将双顶丝水平放置，左侧螺口固定在铁架台上，右侧螺口开口向上。调节好双顶丝高度，以便安装烧瓶夹，固定烧瓶。

4. 安装烧瓶夹 将烧瓶夹夹在双顶丝右侧螺口中，并让烧瓶夹的旋钮向右，以方便调节。

5. 安装烧瓶 将烧瓶置于电热套中，烧瓶底部贴紧电热套，用烧瓶夹和双顶丝将其固定在铁架台上，旋紧烧瓶夹旋钮，保持烧瓶口竖直向上。

6. 安装蒸馏头 根据烧瓶口径选择合适的蒸馏头，置于烧瓶口处。

7. 安装双顶丝和烧瓶夹 安装双顶丝，将烧瓶夹夹在双顶丝右侧螺口中，并让烧瓶夹的旋钮向上，以方便调节。

8. 安装直形冷凝管 用烧瓶夹和双顶丝将直形冷凝管固定在铁架台上。调整烧瓶夹与双顶丝，保持烧瓶口竖直向上。根据所蒸馏液体的沸点选择冷凝管：蒸馏液体沸点在 130℃以下，用水冷凝管；沸点在 130℃以上，用空气冷凝管。

9. 安装尾接管和接收瓶 安装减压尾接管和接收瓶，用烧瓶夹和双顶丝将其固定在铁架台上。通过减压尾接管的支管与大气连通，保证蒸馏装置不密闭。接收瓶可使用圆底烧瓶、鸡心瓶或磨口三角瓶。

10. 安装干燥管　如果需要无水操作，可在减压尾接管支管处加入氯化钙干燥管。

11. 安装冷凝水胶管　冷凝管从下口进水，选择合适内径和长度的胶管，连接水龙头。冷凝管从上口出水，选择合适内径和长度的胶管，连接至水槽。

12. 安装温度计　安装磨口温度计，将其置于蒸馏头上。

（二）通冷凝水

开始缓慢通水至冷凝管外套管充满，使冷凝水保持适当流速。对易挥发、易燃液体，冷凝水流速可快一些。沸点在 100 ～ 130℃时，应缓慢通水，防止冷凝管破裂。

（三）加热蒸馏

在加热前，再次检查仪器装配是否正确，原料、沸石是否加好，冷凝水是否通入，一切无误后方可加热。打开电热套开关，调节加热速度，保持蒸馏速度为馏出液每秒 1 ～ 2 滴。

四、减压蒸馏

减压蒸馏即通过降低系统内压（液面大气压），从而降低有机化合物的沸点，可用于沸点较高而不易蒸馏的液态有机物的分离提纯，以及常压蒸馏时未达沸点即已受热分解、氧化或聚合的有机物的分离提纯。

（一）安装减压蒸馏装置

1. 制作减压毛细管　将一根长约 40cm、直径略小于减压套管内径的毛细管插入减压套管中，用一根短乳胶管同时套住毛细管和减压套管上端，以隔绝空气。再用一根短乳胶管套在毛细管上端，插入一根直径约 1mm 的细铜丝，用螺旋夹夹住乳胶管，以调节进入的空气量。

2. 制作安全瓶　取一个抽滤瓶和配套的橡胶塞，在橡胶塞上插入一个带活塞的二通管和一个玻璃弯管。再将橡胶塞塞在抽滤瓶口，即可作为安全瓶。

3. 摆放好铁架台和电热套　将铁架台摆放在靠近水池的位置，开口向前。将电热套摆放在铁架台之前，让电热套温度显示朝向操作人员。

4. 向烧瓶中添加试剂　取适当容量的圆底烧瓶一个，向烧瓶中添加适量试剂。烧瓶中试剂的体积应占烧瓶容量的 1/3 ～ 1/2，不宜过多或过少。

5. 安装双顶丝　按照先下后上、先左后右的顺序逐个安装、固定仪器。

将双顶丝水平放置，左侧螺口固定在铁架台上，右侧螺口开口向上。调节好双顶丝高度，以便安装烧瓶夹，固定烧瓶。

6. 安装烧瓶夹和烧瓶　将烧瓶夹夹在双顶丝右侧螺口中，并让烧瓶夹的旋钮向右，以方便调节。将烧瓶置于电热套中，烧瓶底部贴紧电热套，用烧瓶夹和双顶丝将其固定在铁架台上，旋紧烧瓶夹旋钮，保持烧瓶口竖直向上。

7. 安装克氏蒸馏头和减压毛细管　将克氏蒸馏头插入圆底烧瓶的上口。把制作好的减压毛细管插入克氏蒸馏头和烧瓶直通的上口，并将毛细管的下端插入烧瓶中，与瓶底保留 1 ~ 2mm 的空隙。

8. 安装双顶丝和烧瓶夹　安装双顶丝，将烧瓶夹夹在双顶丝右侧螺口中，并让烧瓶夹的旋钮向上，以方便调节。

9. 安装直形冷凝管　用烧瓶夹和双顶丝将直形冷凝管固定在铁架台上。调整烧瓶夹与双顶丝，保持烧瓶口竖直向上。根据所蒸馏液体的沸点选择冷凝管：蒸馏液体沸点在 130℃ 以下，用水冷凝管；沸点在 130℃ 以上，用空气冷凝管。

10. 安装尾接管和接收瓶　安装减压尾接管和接收瓶，用烧瓶夹和双顶丝将其固定在铁架台上。接收瓶可使用圆底烧瓶或鸡心瓶，不可使用三角瓶。

11. 安装冷凝水胶管　冷凝管从下口进水，选择合适内径和长度的胶管，连接水龙头。冷凝管从上口出水，选择合适内径和长度的胶管，连接至水槽。

12. 安装温度计　在克氏蒸馏头靠近支管的上口处插入磨口温度计。

13. 安装安全瓶　在减压尾接管支口处接上厚壁耐压橡胶管，橡胶管另一端接在安全瓶的玻璃弯管上。

14. 安装减压装置　若使用带真空表的循环水真空泵，则可直接将泵接在安全瓶的支口处。

（二）通冷凝水

开始缓慢通水至冷凝管外套管充满，使冷凝水保持适当流速。对易挥发、易燃液体，冷凝水流速可快一些。沸点在 100 ~ 130℃ 时，应缓慢通水，防止冷凝管破裂。

（三）检查气密性

仔细检查玻璃仪器，应无破裂或气泡，接头都应密合。拧紧毛细管上螺旋夹，关上安全瓶活塞，打开抽气泵，等待压力稳定后，观察内压是否达到要求。如果不能达到要求，则需要分段检查抽气泵、安全瓶和蒸馏装置，确认所有接头都密合不漏气。

（四）加热蒸馏

在加热前，再次检查仪器装配是否正确，原料、沸石是否加好，冷凝水是否通入，内压是否达到要求，一切无误后方可加热。打开电热套开关，调节加热速度，保持蒸馏速度为馏出液每秒 1 ~ 2 滴。

（五）停止蒸馏

蒸馏完毕后，先停止加热，然后依次打开螺旋夹，打开安全瓶上的活塞，再关闭抽气泵。

五、分馏

分馏就是利用分馏柱进行多次气化和冷凝，分离沸点接近的两种或两种以上互溶的液体混合物。

（一）安装分馏装置

1. 摆放好铁架台和电热套 将铁架台摆放在靠近水池的位置，开口向前。将电热套摆放在铁架台之前，让电热套温度显示朝向操作人员。

2. 向烧瓶中添加试剂 取适当容量的圆底烧瓶一个，向烧瓶中加入止爆剂，添加适量试剂。烧瓶中试剂的体积应占烧瓶容量的 1/3 到 2/3，不宜过多或过少。

3. 安装双顶丝 按照先下后上、先左后右的顺序逐个安装、固定仪器。

将双顶丝水平放置，左侧螺口固定在铁架台上，右侧螺口开口向上。调节好双顶丝高度，以便安装烧瓶夹，固定烧瓶。

4. 安装烧瓶夹 将烧瓶夹夹在双顶丝右侧螺口中，并让烧瓶夹的旋钮向右，以方便调节。

5. 安装烧瓶 将烧瓶置于电热套中，烧瓶底部贴紧电热套，用烧瓶夹和双顶丝将其固定在铁架台上，旋紧烧瓶夹旋钮，保持烧瓶口竖直向上。

6. 安装双顶丝和烧瓶夹 安装双顶丝，将烧瓶夹夹在双顶丝右侧螺口中，并让烧瓶夹的旋钮向上，以方便调节。

7. 安装韦氏分馏柱 取韦氏分馏柱装入烧瓶口，将其中部用烧瓶夹固定在铁架台上。

8. 安装双顶丝和烧瓶夹 安装双顶丝，将烧瓶夹夹在双顶丝右侧螺口中，并让烧瓶夹的旋钮向上，以方便调节。

9. 安装直形冷凝管 用烧瓶夹和双顶丝将直形冷凝管固定在铁架台上。调整烧瓶夹与双顶丝，保持烧瓶口竖直向上。根据所蒸馏液体的沸点选择冷凝管：蒸馏液体沸点在 130℃以下，用水冷凝管；沸点在 130℃以上，用空气冷凝管。

10. 安装尾接管和接收瓶 安装减压尾接管和接收瓶，用烧瓶夹和双顶丝将其固定在铁架台上。通过减压尾接管的支管与大气连通，保证蒸馏装置不密闭。接收瓶可使用圆底烧瓶、鸡心瓶或磨口三角瓶。

11. 安装冷凝水胶管 冷凝管从下口进水，选择合适内径和长度的胶管，连接水龙头。冷凝管从上口出水，选择合适内径和长度的胶管，连接至水槽。

12. 安装温度计 安装磨口温度计，将其置于蒸馏头上。

（二）通冷凝水

开始缓慢通水至冷凝管外套管充满，使冷凝水保持适当流速。对易挥发、易燃液体，冷凝水流速可快一些。沸点在 100～130℃时，应缓慢通水，防止冷凝管破裂。

（三）加热分馏

在加热前，再次检查仪器装配是否正确，原料、沸石是否加好，冷凝水是否通入，一切无误后方可加热。打开电热套开关，调节加热速度，保持分馏速度为馏出液每秒 1 ～ 2 滴。

六、萃取分液

萃取是一种常用的分离液 – 液混合物的方法，是利用溶质在互不相溶的溶剂里溶解度的不同（溶质在萃取剂中的溶解度要大于在原溶剂中的溶解度），用一种溶剂把溶质从它与另一溶剂所组成的溶液里提取出来，以达到分离、提取或纯化的目的。

分液是把互不相溶的两种液体分开的操作，一般分液都是与萃取配合使用的。如果从混合物中抽取的物质是我们需要的，这种操作叫作萃取或提取；如果不是我们需要的物质，这种操作叫作洗涤，可以用于除去杂质。

（一）分液漏斗的处理

选择容积较液体体积大一倍以上的分液漏斗，检查分液漏斗的顶塞与活塞处是否渗漏（即检漏，用水检验），确认不漏水时方可使用。

1. 如果上口磨口塞处漏液，更换分液漏斗。

2. 如果下口活塞处漏液，洗净擦干后，涂抹凡士林或润滑脂。大头涂在活塞上，小头涂在漏斗内壁（切勿涂得太厚或使润滑脂进入活塞孔中，以免污染萃取液），塞好后再把活塞旋转几圈，使润滑脂均匀分布，看上去透明即可。

3. 用橡皮筋将下口活塞进行固定，防止活塞脱落。

4. 再次检漏。

（二）加入萃取剂

1. 将分液漏斗放置在固定在铁架上的合适的铁圈中，关好活塞。

2. 从上口用玻璃棒引流加入被萃取液，加入适量萃取剂，漏斗内的液体总量不能超过容积的 1/2。

3. 塞紧上口磨口塞（顶塞不能涂润滑脂）。

（三）振摇萃取

取下分液漏斗，用右手手掌顶住漏斗顶塞并握住漏斗颈，左手握住漏斗活塞处，大拇指压紧活塞，把分液漏斗口略朝下倾斜并振摇。一开始振摇要慢，振摇后，使漏斗口仍保持原倾斜状态，下部支管口指向无人处，左手仍握在活塞支管处，用拇指和食指旋开活塞，释放出漏斗内的蒸气或产生的气体，使内外压力平衡，此操作也称"放气"。

如此重复至放气时只有很小压力后，再剧烈旋摇振荡 2 ～ 3 分钟，然后将漏斗放回铁圈中静置。

（四）静置分层

把分液漏斗放在铁架台的铁圈上，静置至液体明显分层。如果出现乳化现象，延长静置时间至液体明显分层。

（五）分液

漏斗下放置锥形瓶，打开分液漏斗上口的磨口塞或使塞上的凹槽与漏斗口颈上的小孔对准。打开旋塞，使下层液体慢慢流入锥形瓶中。下层液体流完后，关闭旋塞。上层液体从漏斗上口倒入其他的容器里。

1. 若萃取剂的比重小于被萃取液，下层液体应尽可能放干净，有时两相间可能出现一些絮状物，也应同时放去。然后将上层液体从分液漏斗的上口倒入三角瓶中，切不可从活塞放出，以免被残留的被萃取液污染。再将下层液体倒回分液漏斗中，再用新的萃取剂萃取，重复上述操作，萃取次数一般为 3 ～ 5 次。

2. 若萃取剂的比重大于被萃取液，下层液体从活塞放入三角瓶中，但不要将两相间可能出现的一些絮状物放出。再从漏斗口加入新萃取剂，重复上述操作，萃取次数一般为 3 ～ 5 次。

（六）干燥和回收溶剂

将合并的萃取液加入适量的干燥剂进行干燥。滤除干燥剂后，回收溶剂。

七、b 型管测熔点

熔点指标准大气压下，固液两相共存的温度。纯粹的有机化合物熔点是一个物理常数，且熔距一般不超过 0.5 ～ 1℃。当有杂质混入，熔距拉长，熔点下降。测熔点可以用于鉴别化合物，判断化合物的纯度。

（一）准备 b 型管装置

1. 安装铁架台、双顶丝和烧瓶夹，将 b 型管固定在烧瓶夹上。

2. 选择合适大小的开口软木塞，插入温度计后，将软木塞安装在 b 型管上，调整好温度计的高度，温度计水银球的位置应在 b 型管上、下支管的中部。

（二）准备待测样品

1. 制备熔点管。取毛细管 1 支，手持毛细管斜向下约 45°在酒精灯外焰处加热毛细管末端，持续旋转毛细管，直至出现红色熔球，熔点管封口应圆滑且不漏气。根据需要，用砂轮将毛细管截成合适长度。

2. 填装待测样品。取适量待测样品，置于干净、干燥的研钵中，研成细腻的粉末待用。将烧制好的熔点管开口朝下，插入待测样品细粉堆中，粉末进入熔点管。

3. 将熔点管开口朝上，在粗玻璃管中做自由落体 3 ～ 5 次，填实样品，样品高度为 2 ～ 3mm。如果填样量不足，重复以上填装样品步骤，直至样品高度为 2 ～ 3mm，不宜过多或过少。

（三）安装 b 型管测熔点装置

1. 在 b 型管中加入传温液（液体石蜡）至 b 型管支管处，液体石蜡受热体积会膨胀，不宜加入过多。

2. 从乳胶管上剪下一个橡胶圈，用橡胶圈将填装好待测样品的熔点管与温度计绑在一起。注意：①乳胶圈的位置要合适，太靠下容易被热膨胀的液体石蜡浸没后溶解。②熔点管的位置要合适，应使待测样品与温度计的水银球处于同一高度。

（四）测定熔点

1. 将点燃的酒精灯放在 b 型管的外侧加热，使环形处形成一个逆时针的流动液体，从而使样品受热均匀。

2. 通过酒精灯火焰距离 b 型管的远近控制加热升温速度，刚开始控制每分钟升温约5℃；熔点 10 ～ 30℃，控制每分钟升温 2 ～ 3℃；熔点 10℃以下，控制每分钟升温约1℃；熔点 1℃以下，控制 2 ～ 3 分钟升温 1℃。

3. 熔距观察。样品出现明显塌陷、发毛或液体，为初熔点；全部变为液体，为全熔点。纯粹有机化合物的熔距不超过 0.5 ～ 1℃。熔融过的样品丢弃，不可以再次使用。

4. 熔点测定要有 2 ～ 3 次重复数据。每次测定都必须用新的熔点管，装新的样品。进行第二次测定时，要等传温液温度降至熔点以下约 30℃再进行。

5. 温度计要低于 100℃才能移出传温液，否则温度计容易断柱损坏。

八、重结晶和活性炭脱色

将结晶的粗品再溶于适当溶剂，进行过滤或脱色以除去杂质，又重新从溶液中结晶的过程叫重结晶。重结晶利用粗品中各组分在某种溶剂中的溶解度不同，或在同一溶剂中不同温度时的溶解度不同，使它们相互分离，是纯化固体化合物重要的、常用的方法之一。

（一）实验前的准备

1. 打开制冰机开关进行制冰，再给恒温水浴箱加入适量蒸馏水并加热，调节设定温度为 95℃，等待其达到恒温。

2. 制作布氏漏斗用滤纸。将三张滤纸重叠放置在布氏漏斗上，用手掌按压滤纸，用剪刀沿滤纸上压痕内侧剪成圆形，使滤纸直径略小于布氏漏斗内径。

3. 预热布氏漏斗和抽滤瓶。在热过滤前，先将布氏漏斗放入恒温水浴中预热。抽滤瓶则在热抽滤前用热水洗涮预热，以免热过滤时溶液遇冷析出结晶。抽滤瓶不宜直接放入恒温水浴中长时间预热，以防玻璃炸裂。

（二）晶体的溶解

1.选择合适溶剂。重结晶时选择溶剂应具备以下条件：①溶剂不与被结晶化合物发生化学反应。②在高温和低温时，被结晶化合物的溶解度应有显著差异。③对溶质和杂质的溶解度应有显著差异。④溶剂本身应具备价格低廉、纯度高、不易燃烧、沸点较低、容易分离等优点。当不能选择到一种适当的溶剂时，可以采用混合溶剂进行重结晶。本实验是对粗制乙酰苯胺进行重结晶，选用水作为溶剂。

2.将适量粗制乙酰苯胺加入烧杯中，加入适量溶剂（蒸馏水），再将烧杯放入电热套继续加热，并用玻璃棒搅拌，使其迅速溶解。粗制乙酰苯胺熔点较低，在沸水中可能熔化成油珠状，应继续搅拌加热，直至油珠完全消失。

3.溶剂的用量应比饱和溶液过量 20%～30%，以免热过滤时冷却结晶而堵塞漏斗，造成热过滤失败。

（三）活性炭脱色除杂

1.由于粗制乙酰苯胺含有色杂质，这是苯胺的氧化产物，有色杂质具有较强的吸附性，一般方法不易除去，需要用活性炭进行脱色除杂。

2.将烧杯从电热套中取出，放置在桌面上稍微冷却一会，以免加入活性炭时出现暴沸。

3.将适量活性炭粉末加入烧杯中，活性炭的用量一般为重结晶粗品的 1%～5%，继续搅拌煮沸 5～10 分钟，以吸附溶液中色素及树脂类杂质。

（四）趁热抽滤

1.将预热好的抽滤瓶放置于桌面，用坩埚钳夹出在恒温水浴中预热的布氏漏斗，垫上双层滤纸以免透滤，安装抽滤装置并连接水泵，打开水泵。将加入活性炭并煮沸的烧杯端起，迅速将液体倒入布氏漏斗，进行抽滤。整个趁热抽滤过程动作要迅速，保持布氏漏斗中一直有热的液体，抽滤时还应用手用力压住布氏漏斗，以防抽滤垫周围漏气造成抽滤缓慢，溶液冷却并在布氏漏斗中结晶。

2.如果布氏漏斗中出现结晶，则趁热抽滤失败，应先将滤液转移至干净的烧杯中，剩余液体重新加热溶解，适当补加溶剂，再次趁热抽滤。每次抽滤停止时，应先通大气，后关水泵，以免出现倒吸。

（五）晶体的析出和滤集洗涤

1.将抽滤瓶中的热溶液迅速倒入干净的烧杯中，自然冷却待晶体析出，在冰水浴中冷却至晶体完全析出。冰水浴的液面应略高于烧杯中溶液液面。若仍不能析出结晶，可以用玻璃棒摩擦器壁，或加入少量晶种促使结晶析出。

2.滤纸垫入布氏漏斗，用少量蒸馏水润湿，将烧杯中的固液混合物再次进行扣滤，滤出精制产品，用滤液反复冲刷烧杯内壁并抽滤，以尽可能收集产品。然后用少量蒸馏水倒入布氏漏斗，浸泡洗涤产品后抽滤，以除去产品表面吸附的滤液等杂质。

（六）晶体的干燥和称重

取一个干净、干燥的培养皿，先称重，然后将布氏漏斗中的产品转移至培养皿中，尽量铺薄，在红外烘箱中不断搅拌烘干，注意控制烘箱温度在 60 ~ 80℃，培养皿应远离灯头，避免乙酰苯胺熔化。烘干时间不少于 30 分钟。然后再次称重，减重法可得到精制乙酰苯胺的产量。

（七）母液和滤液处理

抽滤瓶中残留的母液和滤液应做回收处理，溶液浓缩还可得到部分产品，如果使用的是有机溶剂，也应蒸馏回收。

九、回流

在室温下，有些化学反应的速率很小或难以进行。为了使反应尽快进行，常需保持反应在溶剂中缓缓地沸腾若干时间。为了不损失挥发性溶剂或反应物，使用回流冷凝器使蒸气冷凝回流到反应器皿中，这个操作称为回流。

（一）安装普通蒸馏装置

1. 摆放好铁架台和电热套　将铁架台摆放在靠近水池的位置，开口向前。将电热套摆放在铁架台之前，让电热套温度显示朝向操作人员。

2. 向烧瓶中添加试剂　取适当容量的圆底烧瓶一个，向烧瓶中加入止爆剂，添加适量试剂。烧瓶中试剂的体积应占烧瓶容量的 1/3 到 2/3，不宜过多或过少。

3. 安装双顶丝　按照先下后上、先左后右的顺序逐个安装、固定仪器。将双顶丝水平放置，左侧螺口固定在铁架台上，右侧螺口开口向上。调节好双顶丝高度，以便安装烧瓶夹，固定烧瓶。

4. 安装烧瓶夹　将烧瓶夹夹在双顶丝右侧螺口中，并让烧瓶夹的旋钮向右，以方便调节。

5. 安装烧瓶　将烧瓶置于电热套，烧瓶底部贴紧电热套，用烧瓶夹和双顶丝将其固定在铁架台上，旋紧烧瓶夹旋钮，保持烧瓶口竖直向上。

6. 安装双顶丝和烧瓶夹　安装双顶丝，将烧瓶夹夹在双顶丝右侧螺口中，并让烧瓶夹的旋钮向上，以方便调节。

7. 安装球形冷凝管　在烧瓶口上安装球形冷凝管，用烧瓶夹夹紧，并保持冷凝管竖直状态。

8. 安装干燥管　如果需要无水操作，在冷凝管上口加入氯化钙干燥管。

9. 安装冷凝水胶管　冷凝管从下口进水，选择合适内径和长度的胶管，连接水龙头。冷凝管从上口出水，选择合适内径和长度的胶管，连接至水槽。

（二）通冷凝水

开始缓慢通水至冷凝管外套管充满，使冷凝水保持适当流速。对易挥发、易燃液体，冷凝水流速可快一些。沸点在 $100 \sim 130$℃时，应缓慢通水，防止冷凝管破裂。

（三）加热回流

在加热前，再次检查仪器装配是否正确，原料、沸石是否加好，冷凝水是否通入，一切无误后方可加热。打开电热套开关，设定加热温度，保持烧瓶中溶液处于微沸状态，使回流液滴成串、不成线即可。

十、连续回流提取

从固体中萃取化合物，在实验室多采用脂肪提取器（又称索氏提取器）来萃取物质。通过对溶剂加热回流及虹吸现象，使固体物质每次均被新的溶剂所提取。连续回流提取加热时间长，适用于对热稳定的成分提取，提取效率高，节约溶剂，但对受热易分解或变色的物质不宜采用，也不宜用高沸点溶剂。

（一）安装连续回流提取装置

1. 制作滤纸筒 取 12cm×15cm 滤纸一张，卷成筒状，滤纸筒的直径要略小于提取器内径，以能套入提取器，并在实验结束后便于取出为宜。捏紧滤纸筒的底部，用白线扎紧，制作成滤纸筒。

将茶叶碾碎，称取 10g，倒入滤纸筒中，将滤纸筒上部折叠盖紧，以防浸泡后茶叶漏出，茶叶的量不得高于虹吸管顶端，制成茶叶包备用。

2. 安装双顶丝和烧瓶夹 安装双顶丝，将烧瓶夹夹在双顶丝右侧螺口中，并让烧瓶夹的旋钮向上，以方便调节。

3. 安装烧瓶 将烧瓶置于电热套，烧瓶底部贴紧电热套，用烧瓶夹和双顶丝将其固定在铁架台上，旋紧烧瓶夹旋钮，保持烧瓶口竖直向上。

4. 安装双顶丝和烧瓶夹 安装双顶丝，将烧瓶夹夹在双顶丝右侧螺口中，并让烧瓶夹的旋钮向上，以方便调节。

5. 安装提取器 将索氏提取器置于蒸馏烧瓶上，用烧瓶夹和双顶丝将其固定在铁架台上，固定后将茶叶包放入提取器。注意索氏提取器的虹吸管极易折断，拿取和安装时必须特别小心。

6. 安装双顶丝和烧瓶夹 安装双顶丝，将烧瓶夹夹在双顶丝右侧螺口中，并让烧瓶夹的旋钮向上，以方便调节。

7. 安装球形冷凝管 在烧瓶口上安装球形冷凝管，用烧瓶夹夹紧，并保持冷凝管竖直状态。

8. 安装冷凝水胶管 冷凝管从下口进水，选择合适内径和长度的胶管，连接水龙头。冷凝管从上口出水，选择合适内径和长度的胶管，连接至水槽。

（二）通冷凝水

开始缓慢通水至冷凝管外套管充满，使冷凝水保持适当流速。对易挥发、易燃液体，冷凝水流速可快一些。沸点在 100 ～ 130℃时，应缓慢通水，防止冷凝管破裂。

（三）加入溶剂

在冷凝管上口放置一个小漏斗，用量筒量取 95% 乙醇 100mL，经小漏斗缓慢倒入提取器中，可见溶剂逐渐充满提取器，浸泡茶叶后溶剂颜色变深。

当溶剂的液面超过虹吸管最高处时，发生虹吸现象，溶剂流回至烧瓶中。再将剩余溶剂一并倒入提取器，这样溶剂适当过量，可以保证虹吸前烧瓶中的液体不被蒸干。

（四）加热提取

1. 通入冷凝水，打开电热套开始加热，可见溶剂受热沸腾。
2. 蒸汽沿提取器的侧管上升至冷凝管，冷凝为液体，滴入提取器中，浸泡滤纸筒中样品，当液面超过虹吸管最高处时，虹吸流回烧瓶，从而萃取出溶于溶剂的部分物质。
3. 如此经多次"沸腾、冷凝、提取、虹吸"的重复操作，提取物质富集于蒸馏烧瓶内。连续回流提取法选用低沸点、易挥发溶剂，溶剂消耗量少，加热时间长，适用于对热稳定的成分提取。
4. 当提取器内液体颜色变得很浅，或经检测目标成分提取完全后，可停止加热。回流结束，先关闭冷凝水，稍冷后停止加热，将溶剂全部转移至烧瓶中，得茶叶提取液。可进一步蒸馏浓缩，用于后续实验。
5. 用镊子取出滤纸筒，丢弃药渣。

十一、升华

升华是纯化固体有机化合物的一种方法，是直接由固体有机物受热气化为蒸气，然后由蒸气由直接冷凝为固体的过程。利用升华方法可除去不挥发杂质，或分离不同挥发度的固体混合物。其优点是纯化后的物质纯度比较高，但操作时间长，损失较大。

（一）升华滤纸制作

1. 取大小合适的方形滤纸一张，盖在蒸发皿上方，滤纸直径略大于蒸发皿的口径。
2. 用大头针将滤纸扎出密集小孔。
3. 将滤纸多余边缘剪掉，形成滤纸盖。

（二）安装升华装置

1. 摆放电热套，将温度计挂在双顶丝上，使温度计水银球靠近电热套底部，开始加热，控制温度接近但不超过 100℃。

2. 待升华物质放入蒸发皿中，铺均匀，将蒸发皿放入电热套中，焙炒约 20 分钟（温度控制在 100℃以下），将水分全部除去。

3. 将准备好的有小孔的滤纸盖在蒸发皿上。取大小合适的玻璃漏斗（与蒸发皿口径一致），漏斗颈部塞适量棉花（目的是防止蒸气外漏），将漏斗罩在盖有滤纸的蒸发皿上。

（三）升华

1. 打开电热套电源，小心调节火力大小，进行升华，温度控制在 150～170℃，保持 30～40 分钟。

2. 当纸上出现白色毛状结晶时，暂停加热，冷却，等温度降至 100℃以下，小心揭开漏斗和滤纸，仔细将附在滤纸和漏斗内壁上的咖啡因刮下，注意不要刮下杂质。

3. 残渣经搅拌后再次加热升华，温度控制在 170～200℃，10～20 分钟，使升华完全。

4. 停止加热，待温度降至 100℃以下，小心揭开漏斗和滤纸，仔细将附在滤纸和漏斗内壁上的咖啡因刮下，注意不要刮下杂质。

5. 合并两次收集到的咖啡因，称重，计算产率。

（四）残渣处理

蒸发皿中剩余的残渣不能直接倒入垃圾箱中，以免引起火灾，可在残渣中加入少量水，拌匀后再倒入垃圾箱。

第三章 分析化学实验的基本操作 ▷▷▷▷

一、电子天平的使用

电子天平是用来称量物质质量的仪器，精度 1mg 或 0.1mg 的电子天平称准的质量能达到千分之一克或万分之一克。

（一）天平放置的环境

1. 天平室配有厚重窗帘，以防风、防尘、防光照。

2. 天平放置在平稳的台面上。

3. 为了保持天平良好的性能，防止锈蚀，天平室尽量保持干燥，同时天平内放置干燥器，保持称量腔内干燥。

4. 为了保证天平良好的状态，天平维护人员应定期对天平进行性能检查和零点校准。

5. 电子天平远离磁性物质或设备。

6. 不要随意移动天平位置。

（二）天平的构造和自检

1. 天平的构造　①秤盘。②电源接口。③地脚螺栓。④水平仪。⑤控制键面板和显示屏：ON/OFF 为开关键；CAL 为调校键；F 为功能键；CF 为清除键；PRINT 为数据输出打印键；正中矩形方框为显示屏。

2. 天平的自检　天平接通电源，并按 ON/OFF 开关键，电子天平显示所有符号，电子称量系统自动实现自检功能。当电子天平的显示屏显示"0"时，说明自检过程完成，天平处于准备使用状态。当电子天平的显示屏左下角显示小"0"时，电子天平处于待机状态，只是显示屏已经通过开关键关闭，可以随时按开关键打开显示屏，进行称量工作，不必再进行预热。在称量数值稳定后且出现"g"等单位符号，表示可以读取天平显示数值了。

（三）天平的预热和水平调整

1. 天平的预热　天平通电开机预热 30 分钟，若短时间内暂不使用天平，可以不关闭天平电源开关，以免再次使用时重新通电预热。

2. 天平调整水平　观察水平仪气泡是否在水平仪的正中。若不在正中，气泡偏左边，说明天平左边偏高。调节地脚螺栓，降低左边螺栓或升高右边螺栓，直至气泡在水平仪正中，表明天平已处于水平状态。

（四）称量

称量前天平盘保持洁净。

1. 直接法称量　天平零点调定后，将被称物直接放在秤盘上，所得读数即被称物的质量。这种称量方法适用于称量洁净干燥的器皿、棒状或块状的金属及其他整块的不易潮解或升华的稳定固体物品。注意：不得用手直接取放被称物，可采用戴手套、垫纸条、用镊子或钳子等适宜的方法。

对于不易吸潮、在空气中能稳定存在的粉末状或小颗粒样品或化学试剂，不能直接放在天平上称量，而应放在干净的称量纸上或容器内称量，称好的样品或试剂必须定量地直接转入接受容器。例如，利用空烧杯称量化学试剂，用纸条将洁净的空烧杯放在秤盘中央，待天平示数稳定后按"TARE"键去皮，显示屏显示"0"后，缓慢往烧杯里加入所需的试剂，待显示屏的示数到达所需的质量时，停止加样，天平示数稳定后直接记录烧杯里称取试剂的质量。

例：直接称量空称量瓶的质量

将天平调至零点，若天平不在"0"点，按"TARE"键使天平归零。用纸条或手套将洁净干燥的空称量瓶放在秤盘中央，关上天平各个侧门，当天平显示屏出现稳定的数字（x.xxxx g）时，在实验记录本上记录称量瓶的精确质量。

2. 递减法称量　如果称取的物质是易吸水、易氧化或易与 CO_2 反应的粉末状或颗粒状试样，需将此类试样放在带盖的称量瓶中递减法称量，以防潮、防变质。

例：递减法称量 0.2 ～ 0.25g 的试样。

用纸条将装试样的称量瓶放在秤盘中央，待天平示数稳定后记录其精确的初质量 W1，将称量瓶取出，在待装样品容器上方用纸条打开称量瓶盖，用称量瓶盖轻轻地敲瓶颈口上部，使试样慢慢落入容器口，倒出部分试样后边敲边慢慢地将称量瓶竖起，使粘在瓶中的试样落入瓶中，盖好瓶盖，再次放回天平盘中称量。若敲出试样量没有到达所需的试样量，继续敲出试样，再次称量。如此反复，直到天平示数显示已到达所需试样量，待天平示数稳定后记录称量瓶和所剩试样的终质量 W2，则倒出第一份试样的质量为初质量与终质量之差：W1–W2。

注意：W1 和 W2 两次称量之间不应该调零；在整个称量过程中，称量瓶不可乱放，只能在秤盘上或待装试样容器的上方。

（五）天平还原至称量前的状态

检查天平内外清洁，关好天平门和显示屏，将天平还原至称量前的状态。

（六）天平使用情况登记

称量完毕，如实填写天平使用情况，以便天平的维护和天平使用时间的统计。

二、容量器皿的洗涤

（一）容量器皿的分类

容量器皿分两类：粗量器和精密量器。粗量器包括烧杯、锥形瓶、量筒等，用于粗略估量液体的体积。精密量器包括容量瓶、移液管（吸量管）和酸碱滴定管等，用于精

确量取液体的体积。

（二）容量器皿洗净的标准

容量器皿洗净的标准是容器内壁形成均匀透明的水膜，不挂水珠。

（三）洗涤流程

1. 粗量器的洗涤　检查量器是否完好，然后用自来水浸润量器内壁，擦干外壁，看内壁是否挂水珠。挂水珠说明内壁附着不溶于水的油脂，需用洗衣粉刷洗或洗液浸泡。如不挂水珠，直接用自来水洗净，再用蒸馏水润洗三次即可。

2. 精密量器的洗涤　精密量器的洗涤过程与粗量器的洗涤过程类似，包括检漏、自来水洗净、蒸馏水润洗三个过程。当精密量器内壁挂有水珠，说明附有不溶于水的油脂，不能刷洗，通常用洗液浸泡。如内壁不挂水珠，直接用自来水洗净，然后用蒸馏水润洗即可。

（1）酸式滴定管的洗涤

1）检漏　关闭旋塞，用水充满至零刻度，将滴定管竖直地夹在滴定管架上静置2分钟，观察滴定管下端管口及旋塞两端是否有水渗出（可用滤纸在旋塞两端查看）。将旋塞转动180°，查看是否有水渗出，若前后两次均无水渗出，活塞转动灵活，即可使用。如不符要求，需对旋塞重新涂凡士林：取下旋塞，用滤纸擦去旋塞和旋塞槽上的油脂，用手指或玻璃棒蘸少量凡士林，在旋塞孔的两旁涂上薄薄的一层，避免凡士林堵塞旋塞孔。将旋塞插入旋塞槽，向同一方向旋转旋塞，直到旋塞和旋塞槽上的油脂全部透明为止。旋转时避免来回移动旋塞使孔受堵。最后用橡胶筋套住旋塞的小头和旋塞槽的大头，防止塞子滑出而损坏。经上述处理后，旋塞转动灵活，油脂层透明没有纹路，可进行再次检漏。如果漏水，需要重复涂油操作。

2）洗液浸泡　洗液是含 $K_2Cr_2O_7$ 的浓 H_2SO_4 溶液，可以反复使用，使用时注意安全。控干酸式滴定管，避免稀释洗液。关闭旋塞，向管中直接倾倒洗液 10～15mL，平端，慢慢转动，使洗液浸润滴定管管壁 1～2 分钟。然后，将洗液从滴定管上管口放回洗液瓶。若需洗液浸泡酸式滴定管旋塞下的尖嘴部分，留部分洗液浸润酸式滴定管尖嘴 1～2 分钟后，打开旋塞，让洗液从下管口放回原瓶。

3）自来水洗净　用自来水充分洗净。注意洗涤过程中颜色较深的废水含 Cr（Ⅵ）较多，需收集处理后方可排放。

4）蒸馏水润洗　蒸馏水润洗三次。量器洗净的标准是量器洁净透明，内壁不挂水珠。

（2）碱式滴定管的洗涤　碱式滴定管的洗涤包括检漏、自来水洗净、蒸馏水润洗等过程，管内壁附有不溶于水的油脂时需用洗液浸泡。

碱式滴定管的检漏方法同酸式滴定管，若滴定管下端管口漏液，需更换稍大的玻璃珠或较紧的乳胶管。如果碱式滴定管内壁挂水珠，将乳胶管中玻璃珠挤至胶管的最上端，与玻璃管紧密相贴，向碱式滴定管倾倒洗液 10～15mL，平端，转动，洗液浸润管壁1～2分钟。将洗液放回原洗液瓶中，沥尽洗液。若需洗液洗涤碱式滴定管尖嘴，需取下尖嘴放在装有洗液的烧杯里浸泡2分钟。用自来水充分洗净，蒸馏水润洗三次。

（3）容量瓶的洗涤　容量瓶应先检查活塞是否密合，注自来水到标线附近，盖塞，滤纸吸干瓶口，用手按住塞，倒立容量瓶2分钟，观察瓶口是否有水渗出。如果不漏，瓶直立，将塞旋转180°后再倒立2分钟检漏。如果漏液，需更换活塞。如容量瓶内壁挂水珠，向瓶内倾倒洗液10～15mL，平端，转动，洗液浸润1～2分钟。沥尽洗液后，用自来水充分洗净，蒸馏水润洗三次。

（4）移液管的洗涤　洗前检查上、下管口是否完好。如移液管内壁挂水珠，右手（拇指和中指）执移液管上端，管下口插入洗液中，左手拿洗耳球，将球内空气压出，将球的尖端接在移液管的上管口，密合，慢慢松开左手手指，吸入洗液。当洗液到达移液管1/3体积时，右手食指按住管口，取出，平端，慢慢旋转移液管，使洗液浸润刻度和尖嘴内壁。将洗液从上管口和下管口放回原瓶中，沥尽洗液。用自来水洗净，蒸馏水润洗三次。

注意：器皿内壁不挂水珠时直接用自来水洗净，蒸馏水润洗三次。只有当器皿内壁挂水珠，附着不溶于水油脂时才需要用洗液浸泡。

三、容量瓶的使用

（一）容量瓶的用途

容量瓶是透明或棕色的梨形平底瓶，用来配制准确体积的溶液，棕色容量瓶用来配制见光易分解的溶液。

（二）容量瓶的规格

容量瓶有2.00mL、10.00mL、25.00mL、50.00mL、100.0mL、250.0mL、500.0mL、1000.0mL等规格。瓶颈有标线，瓶身有温度和体积，在所标明的温度下，当液体充满至刻线时，液体的体积与瓶身标注的体积相等。

（三）容量瓶的使用步骤

容量瓶检漏、洗净后常用来配制标准溶液，步骤如下。

1. 固体样品的溶解　如果用固体试样配制溶液，需将精确称量的试样在小烧杯中完全溶解。

2. 定量转移　将玻璃棒插入容量瓶内，烧杯嘴紧靠玻璃棒（注意位置），使溶液沿玻璃棒慢慢流入。待溶液流完，将烧杯沿着玻璃棒稍向上提，同时直立，使附着烧杯嘴的一滴溶液沿玻璃棒进入容量瓶中。玻璃棒放回烧杯，注意此时玻璃棒不能靠在烧杯嘴上。残留在烧杯中的少许溶液可用少量蒸馏水洗烧杯和玻璃棒3～4次，洗涤液按上述方法转移至容量瓶中。这样称量好的试样就定量转移至容量瓶中。

如果用容量瓶稀释溶液，不需前面的步骤，直接准确移取一定体积的原溶液至容量瓶中，再进行稀释。

3. 稀释　继续往容量瓶中加入蒸馏水，稀释约 2/3 体积时将容量瓶平摇几次，初步混匀后继续加蒸馏水至标线附近，静置 2 分钟。

4. 定容　用洁净滴管在接近液面处逐滴滴加蒸馏水，直至溶液的弯月面下沿与标线相切。

5. 盖塞摇匀　盖紧瓶塞，一手按住瓶塞，将容量瓶倒转 180°，使气泡上升到顶部，前后来回振荡几次，再倒转回来，如此反复 15 次以上即可混匀。

（四）注意事项

1. 容量瓶不能长期存放配好的溶液，配好的溶液需转移至磨口试剂瓶中存放，并为溶液写上标签。

2. 容量瓶长期不用需洗净，塞子用纸垫上，以防时间久后塞子打不开。

3. 容量瓶不能直接加热或烘烤，不可用手掌捂住容量瓶体。

四、移液管的使用

（一）移液管的用途

移液管用来准确移取一定体积的液体。

（二）移液管的规格

移液管分为胖肚移液管和吸量管。胖肚移液管有 1.00mL、2.00mL、5.00mL、10.00mL、15.00mL、25.00mL、50.00mL 等规格。吸量管有 0.10mL、0.50mL、1.00mL、2.00mL、5.00mL、10.00mL 等规格。

（三）移液管的使用步骤

1. 待移液润洗　移液前，洗净的移液管要用待移液润洗。

将待吸溶液放入洁净干燥的小烧杯中少许，左手拿洗耳球，右手执移液管，用洗耳球吸取移液管容量的 1/3 左右，取出横持，转动，使溶液浸润刻度和尖嘴内壁后，将溶液从移液管的下管口放出，如此润洗三次后移液。

2. 移液　移液管插入液面下 1cm 左右，吸取溶液到刻度以上，立即用右手食指按住管口，将移液管提出液面，左手用滤纸将下管口外壁擦干。将移液管下管口靠在小烧杯的内壁上，移液管保持竖直，使移液管与小烧杯呈 45°，略放松食指，使管内溶液从下口流出，调节溶液弯月面的下沿最低处与刻度线相切为止，立即用食指压紧管口。左手取来承接容器，承接器倾斜 45°，将移液管下管口靠在容器的内壁上，移液管保持竖直，放开右手食指，待溶液自由靠壁流出，流完后再等 15 秒，取出移液管，完成移液操作。

注意：移液时，移液管始终竖直。移液管调节液面和放液时，下管口均要靠壁。

五、滴定管的使用

（一）滴定管的种类和规格

常用的滴定管有酸式滴定管和碱式滴定管两类，有 25.00mL、50.00mL 等不同规格。

（二）滴定管的用途

酸式、碱式滴定管是用于准确滴定读取体积的量器。

（三）滴定过程

1. 滴定前的准备

（1）滴定管的润洗　摇匀待装溶液，将洗净的滴定管润洗三次。润洗时，左手执滴定管上端无刻度处，倾斜，右手将溶液直接倾倒入滴定管中 10 ～ 15mL，平端，慢慢转动，使待装溶液浸润滴定管内壁。先从上管口放出部分溶液，剩余溶液打开旋塞润洗下管口，将润洗溶液从下管口放出。重复以上操作三次。碱式滴定管以上述同样的方法润洗玻璃珠上方的玻璃管和下方的出口管。

（2）装溶液排气泡　滴定管装满溶液后，需排出口管尖端的气泡。对于酸式滴定管，左手迅速打开旋塞，使溶液快速冲出排出气泡。对于碱式滴定管，左手食指和拇指拿住玻璃珠所在部位，将乳胶管向上弯曲高于水平面，沿玻璃珠往旁捏挤胶管，使溶液从管口喷出，气泡随之排出。注意：碱式滴定管在后面操作中应避免捏挤玻璃珠下端的胶管，否则空气进入，引入气泡。

排气泡后，装入溶液至零刻度以上，调节液面至 0.00 ～ 1.00mL，静置 1 分钟后读取初读数。注意每次滴定前，溶液初读数都平行调至 0.00 ～ 1.00mL。

2. 滴定

（1）滴定的操作　将滴定管垂直地夹在滴定管架上，调节滴定管高度，滴定管下端伸入锥形瓶约 1cm，瓶底高出滴定台 2 ～ 3cm。

左手控制滴定管旋塞或胶管。酸式滴定管：无名指和小指向手心弯曲，轻轻贴着出口管，其余三指控制活塞的转动，注意不要往外推酸式滴定管旋塞，以免漏液。碱式滴定管：左手的无名指和小指夹住出口管，拇指和食指沿玻璃珠往旁捏挤胶管，使溶液沿玻璃珠旁边空隙处流出。注意沿玻璃珠捏挤胶管，不是捏挤玻璃珠；不要捏到玻璃珠下端胶管，以免空气进入而形成气泡。

右手摇动锥形瓶，前三指拿住瓶颈，无名指和小指辅助在下侧，微动腕关节，运用腕力摇动锥形瓶，使溶液朝同一方向做圆周运动。边滴边摇，使溶液及时混匀。视线注意观察溶液颜色的变化，而不是管上的读数。

（2）滴液的速度　滴定开始前，用滤纸轻碰滴定管尖嘴，除去尖嘴处悬挂的液滴。滴定开始时，滴定速度每秒 3 ～ 4 滴，成串、不成线，边滴边摇。当液滴落点颜色褪色变慢时表明接近终点。滴一滴，摇一摇，最后每加半滴摇动锥形瓶，半滴加入，使液滴悬而不落，用承接器内壁粘落。再用洗瓶以少量蒸馏水吹洗瓶壁，使溅起的反应物全部进入溶液，半滴至溶液颜色出现明显变化，且 30 秒不褪色，此时为终点。

（3）**滴定管的读数** 读数前应等待 1 ～ 2 分钟，待内壁附着的溶液流下后再读数。同时检查酸式滴定管的旋塞是否渗液，碱式滴定管的尖端是否有气泡，管壁是否挂水珠，否则读取的体积是不准确的，应该舍弃。读数时，将滴定管取下，右手拇指和食指捏住滴定管上部无刻度处，使滴定管保持垂直，视线与弯月面下沿最低处相平。对于深色溶液，视线与弯月面两侧最高处相平，读取对应的刻度，并做好记录。

3. 收拾容量器皿 滴定结束后，滴定管内剩余溶液舍弃，不能倒回溶液。洗净滴定管，倒置在滴定架上，洗净其他量器，还原成滴定前的状态。

第四章　仪器分析实验的基本操作 ▷▷▷▷

一、柱色谱法

（一）色谱柱的制备

1. 干法装柱　准备一根洁净、干燥的色谱柱，于管底垫一层精制棉（不要太紧），垂直夹在铁架台上，然后将固定相通过干燥漏斗装入色谱柱中，均匀敲击，使固定相沉降。

2. 湿法装柱　准备一根洁净、干燥的色谱柱，于管底垫一层精制棉（不要太紧）。固定相中加入流动相，用玻璃棒搅动，赶出气泡，然后将此混悬物倒入色谱柱中，让固定相自然沉降，直至柱表面不再下降即可。

（二）上样

1. 湿法上样　以洗脱能力小于流动相的溶剂溶解样品，体积越小越好，将该溶液转移到色谱柱上。

2. 干法上样　以挥发性溶剂溶解样品，将其与样品 1 ～ 3 倍量硅胶拌样，减压回收溶剂。硅胶用量越小越好，但需注意：当溶剂挥发后，吸附了样品的硅胶为松散状。将拌样硅胶按照装柱操作转移到色谱柱上。

（三）洗脱

将洗脱剂倒入色谱柱中，控制流速，进行洗脱。

（四）接收及合并流份

给试管或者锥形瓶编号，按照顺序接收流份，流份的体积一般为色谱柱死体积的 1/10 ～ 1/6。

按照一定的间隔，用薄层色谱法检查不同流份所含的成分是否相同，将所含成分相同的流份合并，回收溶剂。

二、薄层色谱法

（一）薄层板的准备（以硅胶板为例）

1. 自制板　称取硅胶 G 1.5g，置于乳钵中，加水约 3.5mL，研匀（1 ～ 1.5 分钟）后立即倒在整块玻璃板（4cm×10cm）上，用乳钵研头稍加涂匀。随后将玻璃板置于水平台面边缘，用手振动玻璃板，使其铺成平坦均匀的薄板。立即放在水平台面上静置，使其自然干燥，然后于 110℃烘箱中活化 0.5 ～ 1 小时，置于干燥器中备用。

2. 商品硅胶板　将预制的硅胶板用玻璃刀裁成合适的大小，置于干燥器中备用。

（二）样品及对照品配制

用挥发性溶剂将样品和对照品分别配制成合适浓度的溶液。

（三）点样

取薄板一块，按图4-1所示，用铅笔标记点样位置，点样位置距薄层板一端1.5～2cm，相邻点样位置之间距离为1～1.5cm。标注点样位置时，注意不可破坏点样处薄层。

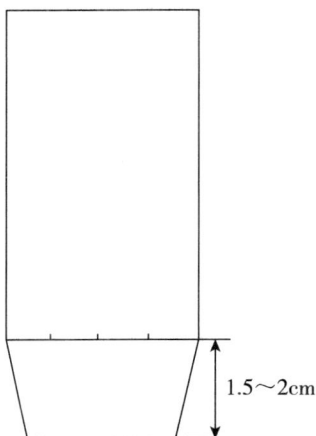

图 4-1　点样位置示例

用玻璃毛细管（直径小于1mm）点样，点样量一般为几微升，点样直径越小越好，点直径＜3mm为宜。

（四）展开

在色谱缸中放入适量展开剂，将薄板放入色谱缸中，密闭，展开剂不可浸没点样点。待展开剂到达前沿，取出，立即用铅笔标记前沿位置，用吹风机吹干（可吹薄板的背面），展开剂回收。

如展开前需预饱和，一般采用双槽色谱缸，将薄层板置于色谱缸的一个槽中，展开剂置于另一个槽中，预饱和约10分钟，通过倾斜色谱缸的方式使薄层板一侧浸入展开剂中展开，注意展开剂不可浸没点样斑点。

（五）显色

对于有紫外－可见吸收的物质，可以在日光或者紫外线灯下直接观察斑点。对于需要显色的物质，可以在薄板上均匀喷洒显色剂。有的物质可直接显色，有的需要加热才可显色。显色后立即用铅笔标出斑点的位置，并记录斑点的颜色。

（六）记录

画图或者照相记录薄层结果。

三、紫外－可见分光光度计的使用方法

紫外－可见分光光度计是常用的光谱分析仪器。常用的紫外－可见分光光度计有单光束紫外－可见分光光度计和双光束紫外－可见分光光度计。下面以 UNICO UV-2000 为例介绍单光束紫外－可见分光光度计的使用方法。

（一）仪器的工作环境

仪器应置于环境温度 5 ～ 35℃、相对湿度 85% 以下的实验室内，使用时应将仪器放在坚固平稳的工作台上，避免阳光直射，避免强电场，避免与较大功率的电气设备同时使用，避开腐蚀性气体。

（二）仪器组成

UNICO UV-2000 型分光光度计的仪器组成见图 4-2。各部分功能如下。

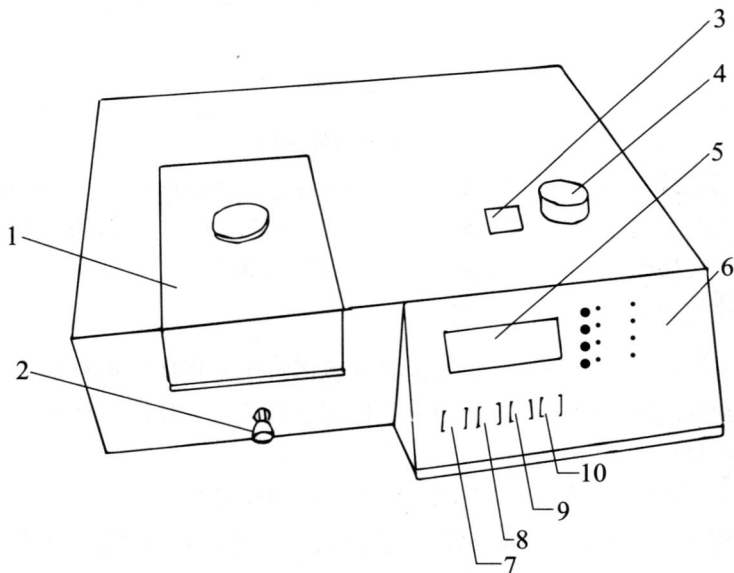

1. 样品室门；2. 样品架拉手；3. 波长显示窗；4. 波长调节旋钮；5. 显示窗；6. 数据模式指示灯；7.MODE 键；8.[100%/INC] 键；9.[0%/DEC] 键；10.[PRINT/ENT] 键。

图 4-2　UNICO UV-2000 型分光光度计的仪器组成

1. 样品室门　打开门（向上提，即可打开样品室门）可放置样品，关上门才可进行测量。

2. 样品架拉手　前后拉动可改变四位样品池的位置。

3. 波长显示窗　显示当前测定波长值。

4. 波长调节旋钮　调节波长用，转动时，显示窗的数字随之改变。

5. 显示窗　显示测量值或指示错误。

6. 数据模式指示灯　指示屏幕显示数据的模式，在不同的功能下，可以分别显示透射比、吸光度、浓度和错误显示。

7. MODE 键　可选择需要的测定方式，可以分别显示透射比、吸光度、浓度及建曲线，每按此键一次可循环进入下一种工作方式，同时相应指示灯亮，指示当前工作状态。

8. [100%/INC] 键　此键在透光率及吸光度模式下使用，用于调整空白溶液的透光率为 100.0（%T）或吸光度为 0.000。

9. [0%/DEC] 键　此键只在透光率档起作用，在全挡光的情况下，调整仪器透光率为零。

10. [PRINT/ENT] 键　可将测试参数通过打印口（平行口）输送给外接打印机，同时也是设置浓度和浓度因子的确认键。

（三）操作步骤

1. 开机　打开仪器电源开关，预热 10 分钟，即可以进行测量。如果选购了本仪器配置的微型打印机，则应先连接主机与打印机之间的线缆，插上打印机电源线。注意：使用时必须先开启主机电源，后开启打印机。

2. 比色皿装溶液

（1）拿　比色皿拿毛玻璃面。

（2）洗　用乙醇或水棉签擦洗比色皿的内壁。

（3）装　洗净的比色皿用待装液润洗 3 次后，装溶液至比色皿的 2/3 ～ 3/4。

（4）擦　用擦镜纸朝一个方向擦干比色皿的透光面。

（5）放　将比色皿透光面放进光路中。

3. 透光率测量

（1）在样品池中，放置挡光块、空白及样品，关好样品室门。

（2）按需要调节波长旋钮，使显示窗显示所需波长值。

（3）按 [MODE] 键使透光率指示灯亮。

（4）调整样品架拉手，使挡光块处在光路中，观察显示是否为 0.000，如不为 0.000，则按一下 [0%]，待显示 0.000 时即表示已调好零。

（5）调整样品架拉手，使空白溶液处在光路中，观察显示是否为 100.0，若不为 100.0，则按一下 [100%]，待显示 100.0 时即表示已调好百。

（6）反复重复（4）和（5），检查显示屏显示的数据，直至仪器显示屏不经调零、调百可分别自动显示 0.000 及 100.0。

（7）拉动样品架拉手，使被测样品依次进入光路，则显示屏上依次显示各样品的透光率，记录数据。

4. 吸光度测量　吸光度测量与透光率测量基本相同，在放置好样品、设置好测定波长后进行以下操作。

（1）选择 [MODE] 键使吸光度指示灯亮。

（2）调整样品架拉手，使空白溶液处在光路中，观察显示是否为 0.000，若不为 0.000，则按一下 [100%]，待显示 0.000 时即表示已调好零。

（3）拉动样品架拉手，使被测样品依次进入光路，则显示屏上依次显示各样品的吸光度，记录数据。

5. 关机　实验完毕，小心取出样品架上的空白溶液和样品溶液，关闭样品室门，关闭电源开关。

四、红外光谱法

（一）红外光谱法的原理

当一束具有连续波长的红外光通过物质，物质分子中某个基团的振动频率或转动频率和红外光的频率一样时，分子就吸收能量由原来的基态振（转）动能级跃迁到能量较高的振（转）动能级。分子吸收红外辐射后发生振动和转动能级的跃迁，该处波长的光就被物质吸收。将分子吸收红外光的情况用仪器记录下来，就得到红外光谱图。根据谱图来确定物质分子的结构和鉴别化合物。

（二）傅里叶红外光谱仪的基本原理及结构

1. 基本原理　本实验采用的是 Nicolet iS10 傅里叶红外光谱仪，是基于对干涉后的红外光进行傅里叶变换的原理而开发的红外光谱仪。光源发出的光被分束器分为两束，一束经透射到达动镜，另一束经反射到达定镜。两束光分别经定镜和动镜反射再回到分束器，动镜以一恒定速度做直线运动，因而经分束器分束后的两束光形成光程差，产生干涉。干涉光在分束器会合后通过样品池，通过样品后，含有样品信息的干涉光到达检测器，然后通过傅里叶变换对信号进行处理，最终得到透过率或吸光度随波数或波长的红外吸收光谱图。

2. 仪器结构　仪器结构包括红外光源、光阑、干涉仪（分束器、动镜、定镜）、样品室、检测器，以及各种红外反射镜、激光器、控制电路板和电源。

3. 傅里叶红外光谱仪通用附件　岩盐窗片、压片机、压片模具、玛瑙乳钵、溴化钾光谱纯、红外烘烤灯、红外烘烤箱、ATR 反射附件、红外加热定量模具、样品架、比色皿架、固定液体池、溴化钾窗片、气体池。

（三）红外光谱法操作步骤

1. 固体样品的制备（压片法）　准备好待测样品、KBr 粉末、压片模具、玛瑙乳钵、手持压片器。压片法制备固体样品的操作如下。

（1）取待测样品 1 ~ 2mg，KBr 粉末约 100mg（质量比 1 : 100），至玛瑙乳钵中研磨，至样品颗粒< 0.3μm，与 KBr 混合均匀。

（2）组装压片模具，并将研磨好的样品粉末填装入模具中。当样品粉末量铺满腔体内底部时，盖上模具上盖。

（3）压片操作。将组装好的模具平移到手持压片器下端，扶住手持压片器下端，另一只手顺时针旋转制样器上部，直至转不动。推动制样器上部手柄至竖直，再扳松手柄，继续顺时针旋转直至转不动，再推动手柄至竖直，然后扳松手柄，重复以上动作，直至手柄难以扳松后，将压片器垂直放置3分钟。

（4）3分钟后，取出模具，将样品置于样品架上，将样品架放入仪器中，准备测定。

2. 样品测定

（1）打开电脑，双击OMNIC图标，打开软件。首先检查仪器状态，图标绿色表示仪器状态良好。

（2）点击"采集"项下"实验设置"的"诊断"页面，检查最大光通量是否大于5，如果不符合，点击"准直"。检查Loc值是否为2048，如果不符合，点击"重置光学台"。

（3）点击"采集"项下"实验设置"的"采集"页面，设置扫描次数为16次，分辨率为4，背景处理选择采集样品后采集背景。点击工具栏中的colsmp（采集样品）键，输入待测样品名称后，点击确定。样品采集背景参数时，从仪器中取出样品架。删除背景数据，保存谱图。

（4）谱图检索。点击谱图分析中检索设置，选中所要检索的谱图库，点击加入、确定，然后点击谱图检索。

（5）谱图标峰。如果要对测定谱图进行吸收光标注，先打开所要标注的谱图，点击谱图分析中标峰键，吸收峰的数据显示在谱图上。要想记录吸收峰数据，点击谱图右上角替代按钮即可。

（6）关闭OMNIC软件，然后关闭电脑、傅里叶红外光谱仪主机，在记录本上登记使用情况。

（四）仪器使用注意事项

1. 室内温度保持在18～27℃（20～22℃最佳），湿度≤60%。
2. 为了得到稳定的数据，最好在开机15分钟之后进行测量。
3. 傅里叶红外光谱仪主机开关要一直保持在开机状态，以利于仪器内部除湿。
4. 连续两次开启仪器时，至少间隔90秒。

（五）实验过程注意事项

1. 压片过程应该在红外光照射下进行，防止样品在制样过程中受潮。
2. 压好的样品应该均匀、透明、没有裂纹，再放入仪器测定。
3. 对于液体样品的制备，可以使用液体池等样品模具。
4. 实验完毕后，要将制样配件擦拭干净，放入干燥器内。

五、高效液相色谱法

（一）高效液相色谱仪的原理

储液瓶中的流动相被高压泵打入系统，样品溶液经进样器进入流动相，被流动相载入色谱柱（固定相）内。由于样品溶液中的各组分在两相中具有不同的分配系数，在两相中做相对运动时，经过反复多次的吸附–解吸附的分配过程，各组分在移动速度上产生较大的差别，被分离成单个组分依次从柱内流出。通过检测器时，样品浓度被转换成电信号传送到记录仪，数据以图谱形式呈现出来。

（二）高效液相色谱仪的组成

1. 溶剂输送系统　包括脱气机、高压泵等。

2. 进样系统　分为手动进样和自动进样系统，主要由六通阀、进样针、定量泵、定量环等部件组成。

3. 分离系统　包括色谱柱、柱温箱、连接管线等。

4. 检测系统　检测器有示差折光检测器、荧光检测器、蒸发光散射检测器、电化学检测器、紫外检测器等。

5. 数据记录及处理系统　本实验采用的安捷伦 1100 型高效液相色谱仪器部件有储液瓶、手持控制器、在线脱气机、高压输液泵、柱温箱、色谱柱、检测器、废液瓶，以及数据记录和显示系统。

（三）高效液相色谱法测定样品

1. 流动相前处理

（1）过滤　流动相溶剂在使用前必须先用滤膜过滤，以除去微小颗粒，防止色谱柱堵塞。

（2）脱气　有氦气脱气法、加热回流脱气法和超声脱气法。脱气的目的是防止在检测器中产生气泡，引起噪音，除去空气的影响。

2. 样品进样前处理　样品进样前有溶剂萃取、吸附、超速离心、过滤等。

过滤步骤：用针管取适当的样品，拔下针头，插上微孔滤膜过滤器，将样品过滤到容器当中，过滤后的样品可以进入高效液相色谱仪进行测定。

3. 打开高效液相色谱仪　首先打开计算机至出现 CAG 窗口，将 CAG 窗口最大化，然后依次打开在线脱气机、高压输液泵、柱温箱、检测器，等待 CAG 窗口出现连接完毕信号后将窗口最小化。双击桌面上 Agilent 图标进入化学工作站，用工作站开动高压输液泵、柱温箱、检测器。在更换流动相及排出气泡时，需要进行 purge 操作，具体的方法：先将高压输液泵清洗阀逆时针旋转三圈，用工作站调整流速至 3mL/min，等待5 ～ 10 分钟，再用工作站将流速调回实验所需流速，然后顺时针旋转高压输液泵清洗阀直至拧紧，当流动相基线平直时，测定样品信息。

4. 进样

（1）自动进样器进样　机械手抓取样品瓶，送到进样位置，进样针吸取一定体积样品，机械手将样品瓶送回。

（2）手动进样　吸取一定体积甲醇清洗进样针，清洗 6 ～ 8 次，再用待测样品润洗进样针 6 ～ 8 次。取样时，先反复推拉推杆至进样针内没有气泡，轻轻拉动推杆吸取样品至所需体积刻度线以上，将镜头纸插在针尖上，将进样针倒置，向下拉动推杆直至看到进样针内液体上有一段空气柱。至此，小气泡会自动上升，较大的气泡不能向上升时，可以倾斜进样针，直到气泡进入空气柱。然后轻推推杆直至推杆上端和所需体积刻线下沿相切，滤除针尖的样品，可以用镜头纸轻轻擦去，注意针尖不能受到震动。进样时，将六通阀进样器阀芯逆时针旋转到 LOAD 状态，将进样针迅速准确地插入针孔，打入样品，顺时针旋转扳手至正常状态，拔出进样针，此时工作站开始输入数据。当工作站走到设置的规定时间时，色谱图就可以显示在屏幕上。

5. 关机操作　先用工作站停止仪器各部分的运行，再退出工作站，关闭 CAG 窗口，关闭电脑，关闭仪器各部件的电源。顺序：从下往上，依次关闭检测器、柱温箱、高压输液泵、在线脱气机，最后填写仪器记录本，实验结束。

（四）注意事项

1. 流动相必须用 HPLC 级的试剂，使用前过滤除去其中的颗粒性杂质和其他物质。

2. 流动相过滤后要用超声波脱气，脱气后应该恢复到室温后使用。

3. 不能用纯乙腈作为流动相。

4. 使用缓冲溶液时，做完样品后应立即用去离子水冲洗管路及柱子一小时，然后用甲醇（或甲醇水溶液）冲洗 40 分钟以上，以充分洗去离子。对于柱塞杆外部，做完样品后也必须用去离子水冲洗。

5. 若长时间不使用仪器，应该将柱子取下，用堵头封好保存，注意不能用纯水保存柱子，而应该用有机相（如甲醇等）。

6. 每次做完样品后，应该用溶解样品的溶剂清洗进样器。

7. 气泡会导致压力不稳，重现性差，所以在使用过程中要尽量避免产生气泡。

8. 要注意柱子的 pH 值范围，不得注射强酸、强碱的样品，特别是碱性样品。

9. 更换流动相时，应先将吸滤头部分放入烧杯中，边振动边清洗，然后插入新的流动相中。更换无互溶性的流动相时，要用异丙醇过滤一下。

10. 高效液相色谱仪关机前，要清洗色谱柱。

第五章 物理化学实验的基本操作 ▷▷▷▷

一、沸点的测定

（一）试剂与仪器

本实验所用的主要仪器与药品有镊子、长吸液管、温度计、乳胶管、温度计套管、量筒、沸石、沸点仪、待测液体及硅油浴，其中沸点仪由支管、储液球、冷凝管组成。

（二）沸点的测定流程

1. 首先将温度计套管与乳胶管相连，并将温度计自套管下端穿入。
2. 向沸点仪的储液球中依次加入一定体积的待测液体和沸石。
3. 将组装好的温度计插入待测液体中，并调整水银球位置，使其一半浸入液体中，一半露在空气中。
4. 将沸点仪固定在铁架台上，连接冷凝水。
5. 调整沸点仪在硅油浴中的高度，使硅油浴水平面在储液球 1/2 处。
6. 打开恒温磁力搅拌器，调整温度，使液体沸腾。
7. 由于最初聚集在冷凝管下端袋状部的液体不能代表平衡时气相组成，为加速达到平衡，当最初冷凝的液体充满袋状部时，用长吸管将其吸回沸点仪，并反复 3 次。
8. 待沸点仪内液体沸腾稳定，且袋状部第四次充满时，记录沸点。
9. 待液体冷却后，关闭冷凝水。
10. 从冷凝管上方插入长吸液管吸取袋状部的冷凝液，进行气相组成分析。
11. 从支管处插入长吸液管吸取液相，对液相组成进行分析。

二、阿贝折射仪的使用

（一）试剂与仪器

本实验所用的主要仪器为阿贝折射仪、超级恒温水浴、镊子、擦镜纸。

（二）阿贝折射仪的构造

阿贝折射仪主要由目镜、色散调节手轮、折射率刻度调节手轮、遮光板、反光镜、温度计、恒温器接头、旋转手轮、进光棱镜座、折射棱镜座组成。

（三）液体折射率的测定流程

1. 将阿贝折射仪和超级恒温水浴相连后，打开超级恒温水浴并设置温度。
2. 测量前，扭开进光棱镜座和折射棱镜座的旋转手轮，使用擦镜纸顺单一方向轻擦镜面。
3. 用滴管滴入 2～3 滴待测液体于折射棱镜表面，并将进光棱镜盖上，转动将手轮锁紧。

4. 打开遮光板，合上反射镜。

5. 通过目镜观察，旋转色散调节手轮，使黑白分界线不带任何色散。

6. 调节折射率刻度调节手轮，使黑白分界交叉线位于十字线的中心，读数取折射率。

7. 测量结束后，扭开手轮，用擦镜纸擦干折射棱镜和进光棱镜。

三、旋光仪的使用

（一）试剂与仪器

本实验所用的主要试剂与仪器为待测样品、10cm 旋光管、滤纸、擦镜纸、旋光仪。

（二）旋光仪的构造

旋光仪主要由目镜、刻度盘、旋转手轮、样品室、钠光灯光源组成。

（三）样品旋光度的测定流程

1. 将旋光仪插上电源，打开开关，预热 5 分钟。

2. 将旋光管一端套盖拧开，取下玻璃片，向管内倒入样品溶液，直到将管充满形成凸液面。盖上玻璃片，并将套盖拧紧。

3. 用滤纸将旋光管外面的液体吸干，检查有无漏液，用擦镜纸将旋光管两端的玻璃片擦干净。

4. 如果管内有气泡，将气泡移动至样品管的凸肚处，防止其遮挡光路。

5. 将装满液体的旋光管放入旋光仪内，转动手轮，同时观察目镜内视野的变化。目镜内视野会出现明暗相间的情况，转动手轮，直至视野内暗度相等，记下此时刻度盘上的读数。

6. 测定结束后，弃掉样品溶液，用蒸馏水将旋光管清洗干净，关闭旋光仪。

四、黏度计的使用

（一）试剂与仪器

本实验所用的主要试剂与仪器为乌氏黏度计、移液管、胶皮管、洗耳球、夹子、铁架台、双顶丝、玻璃恒温水浴、吊锤、秒表和待测溶液。

（二）乌氏黏度计的构造

乌氏黏度计由主管 A、测量管 B 和支管 C 组成。主管 A 与储液球相连，测量管 B 中间为测量球，带有上下刻度线，测量球上方为缓冲球，下面为一截毛细管。

（三）样品黏度的测定流程

1. 将玻璃恒温水浴插上电源，打开开关。按下设定按钮，待数字开始闪烁时，通过上、下键调节设定温度，调整完毕，再按一次设定键，返回实时测定模式。打开转速按钮，调整搅拌桨的转速。

2. 在乌氏黏度计的 B 管和 C 管上分别套上胶皮管。将乌氏黏度计的主管 A 用铁架台固定，应保证整个测量球都浸没于液面下方。用吊锤确认乌氏黏度计在不同方向均保持垂直。

3. 用夹子将支管 C 上方的胶皮管夹紧，用移液管移取适量待测溶液，沿 A 管管壁加入储液球中。

4. 用洗耳球从 B 管上方的胶皮管吸气，直至 B 管液面沿毛细管上升到缓冲球的中间位置，拿开洗耳球，此时液面开始下降，同时迅速打开支管 C 上方的夹子，使 A、C 管联通大气。

5. 当液面下降至测量球的上端刻度线时，用秒表开始计时，待液面下降至测量球的下端刻度线时停止计时。记录一定量液体通过毛细管所需的时间。

6. 重复上述步骤，连续测定 3 次，记录平均时间，3 次测定时间误差应小于 0.3 秒。